SITZUNGSBERICHTE DER DEUTSCHEN AKADEMIE
DER WISSENSCHAFTEN ZU BERLIN

Klasse für Mathematik und allgemeine Naturwissenschaften
Jahrgang 1954 Nr. 2

HANS ERTEL

EIN THEOREM ÜBER DIE FELDSTÄRKE IN POTENTIALFELDERN

1954

AKADEMIE-VERLAG · BERLIN

Vorgelegt in der Gesamtsitzung vom 25. Februar 1954
Zum Druck genehmigt am gleichen Tage, ausgegeben am 29. Juni 1954

Erschienen im Akademie-Verlag GmbH., Berlin W 8, Mohrenstraße 39
Veröffentlicht unter der Lizenznummer 1218
des Amtes für Literatur und Verlagswesen der Deutschen Demokratischen Republik
Satz und Druck der Buchdruckerei F. Mitzlaff KG., Rudolstadt/Thür. V/14/7 – (290)
Bestell- und Verlagsnummer 2010/54/I/2
Preis: DM 1,–
Printed in Germany

Inhalt

I. Einleitung

Es bedeute $\Phi = \Phi(x_1, x_2, x_3)$ das Potential außerhalb felderzeugender (gravitierender, elektrischer oder magnetischer) Massen, bezogen auf ein kartesisches orthogonales Koordinatensystem x_j ($j = 1, 2, 3$), dessen Nullpunkt und Achsenorientierung zunächst beliebig sei. Die Komponenten F_j ($j = 1, 2, 3$) des Vektors $\vec{F}$ der Feldstärke

$$F_j = -\frac{\partial \Phi}{\partial x_j} \tag{1}$$

müssen der Bedingung

$$\operatorname{div} \vec{F} = \frac{\partial F_j}{\partial x_j} = \begin{cases} 2\,\omega^2 \\ 0 \end{cases} \tag{2}$$

genügen, worin der erste Fall sich auf das Schwerkraftfeld eines mit der konstanten Winkelgeschwindigkeit rotierenden Systems bezieht[1]. Aus (1) und (2) folgt die Differentialgleichung des Potentials

$$\Delta \Phi = \frac{\partial^2 \Phi}{\partial x_j\, \partial x_j} = \begin{cases} -2\,\omega^2 \\ 0 \end{cases} \tag{3}$$

mit dem *Laplace*-Operator

$$\Delta = \frac{\partial^2}{\partial x_j\, \partial x_j} = \frac{\partial^2}{\partial x_1^2} + \frac{\partial^2}{\partial x_2^2} + \frac{\partial^2}{\partial x_3^2}. \tag{4}$$

---

[1] Nach der üblichen Summationskonvention ist über jeden Index, der in einem Term doppelt auftritt, ohne Anschreibung des Summenzeichens von 1 bis 3 zu summieren.

Wir veranschaulichen das Potentialfeld durch die Äquipotentialflächen $\Phi(x_1, x_2, x_3) = \text{const}$ und deren orthogonale Trajektorien (Lotlinien, Kraftlinien). Die in die Richtung der Tangente einer Kraftlinie fallende Komponente der Feldstärke $\vec{F}$ ist gleich dem Absolutbetrag

5) $$F = |\vec{F}| = \sqrt{\left(\frac{\partial \Phi}{\partial x_1}\right)^2 + \left(\frac{\partial \Phi}{\partial x_2}\right)^2 + \left(\frac{\partial \Phi}{\partial x_3}\right)^2},$$

da die Tangenten der Kraftlinien zugleich Normalen der Äquipotentialflächen darstellen. Die Normale in einem Feldpunkt $P(x_1, x_2, x_3)$ denken wir uns durch den Schnitt zweier zueinander orthogonaler Ebenen entstanden, welche mit der durch P verlaufenden Äquipotentialfläche zwei aufeinander senkrechte Normalschnitte erzeugen. Durch passende Drehung um die Normale der Äquipotentialfläche als Drehungsachse denken wir uns die Ebenen derart orientiert, daß ihre Schnitte mit der Äquipotentialfläche „Hauptnormalschnitte" werden. Deren Krümmungsradien seien R_1 und R_2. Der Krümmungsradius der Kraftlinie (Lotlinie) im Punkte P werde mit R_3 bezeichnet. U. a. schneiden sich somit in jedem Feldpunkt $P(x_1, x_2, x_3)$ gegenseitig orthogonal drei Kurven, nämlich die beiden Hauptnormalschnitte (mit den Krümmungsradien R_1 und R_2) der durch P verlaufenden Äquipotentialfläche $\Phi = \text{const}$ und die durch P gehende Kraftlinie (mit dem Krümmungsradius R_3).

II. Inhalt des Theorems

Das hier abzuleitende Theorem besagt, daß die drei Krümmungsradien R_1, R_2 und R_3 in sehr einfacher Form den Ausdruck $\Delta F/F$ bestimmen, der bekanntlich ein Maß für die relative Abweichung der Funktion $F(x_1, x_2, x_3)$ im Punkte $P(x_1, x_2, x_3)$ von ihrem Mittelwert $F^{(m)}$ in einer infinitesimalen Umgebung darstellt. Ist diese Umgebung z. B. ein infinitesimaler Würfel mit den Kantenlängen a, so ist [Lit. (1)]

$$F^{(m)} = \frac{1}{a^3} \iiint\limits_{-a/2}^{+a/2} F(x_1 + \xi, x_2 + \eta, x_3 + \zeta)\, d\xi\, d\eta\, d\zeta \tag{6}$$

$$= F(x_1, x_2, x_3) + \frac{a^2}{24} \Delta F(x_1, x_2, x_3),$$

also $\left(\Delta F = \frac{\partial^2 F}{\partial x_1^2} + \frac{\partial^2 F}{\partial x_2^2} + \frac{\partial^2 F}{\partial x_3^2}\right)$:

$$\frac{\Delta F}{F} = \frac{24}{a^2} \cdot \frac{F^{(m)} - F}{F} = \frac{24}{a^2}\left(\frac{F^{(m)}}{F} - 1\right). \tag{7}$$

Das nachstehend zu beweisende Theorem wird nun durch folgende einfache Formel für den Zusammenhang dieser relativen Abweichung der Feldstärke F mit den Krümmungsradien R_1, R_2 *und* R_3 *dargestellt:*

$$\boxed{\frac{\Delta F}{F} = \frac{1}{R_1^2} + \frac{1}{R_2^2} + \frac{1}{R_3^2}} \tag{8}$$

III. Beweis des Theorems

Die Anwendung des Operators $\frac{\partial \Phi}{\partial x_i} \cdot \frac{\partial}{\partial x_i}$ auf die Differentialgleichung des Potentials (3) ergibt zunächst:

$$\frac{\partial \Phi}{\partial x_i} \frac{\partial}{\partial x_i}\left(\frac{\partial^2 \Phi}{\partial x_j\, \partial x_j}\right) = \frac{\partial \Phi}{\partial x_i} \frac{\partial}{\partial x_j}\left(\frac{\partial^2 \Phi}{\partial x_i\, \partial x_j}\right) = 0, \tag{9}$$

d. h.

$$\frac{\partial}{\partial x_j}\left(\frac{\partial \Phi}{\partial x_i} \frac{\partial^2 \Phi}{\partial x_i\, \partial x_j}\right) - \left(\frac{\partial^2 \Phi}{\partial x_i\, \partial x_j}\right)^2 = 0, \tag{10}$$

oder in anderer Schreibweise:

$$\frac{\partial^2}{\partial x_j^2}\left\{\frac{1}{2}\left(\frac{\partial \Phi}{\partial x_i}\right)^2\right\} = \left(\frac{\partial^2 \Phi}{\partial x_i\, \partial x_j}\right)^2. \tag{11}$$

Die linke Seite dieser Gleichung ist nach (4) und (5):

$$\frac{1}{2}\,\Delta F^2 = F \cdot \Delta F + \left(\frac{\partial F}{\partial x_j}\right)^2 \tag{12}$$

und damit nimmt die Gleichung (11) die Form

$$F \cdot \Delta F + \left(\frac{\partial F}{\partial x_j}\right)^2 = \left(\frac{\partial^2 \Phi}{\partial x_i\, \partial x_j}\right)^2 \tag{13}$$

an, oder in ausführlicher Schreibweise:

$$\begin{cases} F \cdot \Delta F + \left(\frac{\partial F}{\partial x_1}\right)^2 + \left(\frac{\partial F}{\partial x_2}\right)^2 + \left(\frac{\partial F}{\partial x_3}\right)^2 = \left(\frac{\partial^2 \Phi}{\partial x_1^2}\right)^2 + \left(\frac{\partial^2 \Phi}{\partial x_2^2}\right)^2 \\ \quad + \left(\frac{\partial^2 \Phi}{\partial x_3^2}\right)^2 + 2\left(\frac{\partial^2 \Phi}{\partial x_1\, \partial x_2}\right)^2 + 2\left(\frac{\partial^2 \Phi}{\partial x_1\, \partial x_3}\right)^2 + 2\left(\frac{\partial^2 \Phi}{\partial x_2\, \partial x_3}\right)^2. \end{cases} \tag{14}$$

Nunmehr betrachten wir einen bestimmten Feldpunkt P und orientieren das Koordinatensystem derart, daß in diesem Punkte

$$\frac{\partial \Phi}{\partial x_1} = \frac{\partial \Phi}{\partial x_2} = 0, \quad \frac{\partial \Phi}{\partial x_3} = F \tag{15}$$

wird, wodurch sich die Gleichung (14) auf

$$\begin{cases} F \cdot \Delta F = \left(\frac{\partial^2 \Phi}{\partial x_1^2}\right)^2 + \left(\frac{\partial^2 \Phi}{\partial x_2^2}\right)^2 + 2\left(\frac{\partial^2 \Phi}{\partial x_1\, \partial x_2}\right)^2 \\ \qquad + \left(\frac{\partial^2 \Phi}{\partial x_1\, \partial x_3}\right)^2 + \left(\frac{\partial^2 \Phi}{\partial x_2\, \partial x_3}\right)^2 \end{cases} \tag{16}$$

reduziert (x_1, x_2-Ebene = Tangentialebene der Fläche Φ = const im Punkte P).

Durch die beiden letzten Terme der rechten Seite kann zunächst der Krümmungsradius R_3 der Lotlinie (Kraftlinie) im Punkte P gemäß

$$\frac{F^2}{R_3^2} = \left(\frac{\partial^2 \Phi}{\partial x_1 \partial x_3}\right)^2 + \left(\frac{\partial^2 \Phi}{\partial x_2 \partial x_3}\right)^2 \tag{17}$$

eingeführt werden [Lit. (2)]. Die ersten drei Terme der rechten Seite von (16) sind bei der obigen Koordinatenwahl von der Form [Lit. (3)]

$$\left(\frac{\partial^2 \Phi}{\partial x_1^2}\right)^2 = F^2 \cdot r^2, \quad \left(\frac{\partial^2 \Phi}{\partial x_1 \partial x_2}\right)^2 = F^2 \cdot s^2, \quad \left(\frac{\partial^2 \Phi}{\partial x_2^2}\right)^2 = F^2 \cdot t^2, \tag{18}$$

wobei die darin auftretenden Differentialquotienten

$$r = \frac{\partial^2 x_3}{\partial x_1^2}, \quad s = \frac{\partial^2 x_3}{\partial x_1 \partial x_2}, \quad t = \frac{\partial^2 x_3}{\partial x_2^2} \tag{19}$$

nach bekannten differentialgeometrischen Formeln [Lit. (3, 4, 5)], welche sich hier auf

$$\left(\frac{1}{R_1} - \frac{1}{R_2}\right)^2 = (r - t)^2 + 4 s^2 \tag{20}$$

und

$$\frac{2}{R_1 R_2} = 2 (r t - s^2) \tag{21}$$

reduzieren, die Krümmungsradien R_1 und R_2 der Hauptnormalschnitte der durch den Punkt P verlaufenden Äquipotentialfläche bestimmen. Die Addition der Gleichungen (20) und (21) ergibt:

$$\frac{1}{R_1^2} + \frac{1}{R_2^2} = r^2 + t^2 + 2 s^2, \tag{22}$$

wozu noch bemerkt sei, daß die linke Seite in enger Beziehung zum CASORATIschen Krümmungsmaß [Lit. (6)]

$$\frac{1}{2}\left(\frac{1}{R_1^2} + \frac{1}{R_2^2}\right) = \frac{1}{2}\left(\frac{1}{R_1} + \frac{1}{R_2}\right)^2 - \frac{1}{R_1 R_2} \tag{23}$$

steht, einer Kombination der mittleren Krümmung $\frac{1}{R_1} + \frac{1}{R_2}$ und des Gaussschen Krümmungsmaßes $\frac{1}{R_1 R_2}$.

Die Substitution von (17) und (18) in (16) ergibt mit Rücksicht auf (22):

$$24) \qquad \Delta F = F \cdot \left(\frac{1}{R_1^2} + \frac{1}{R_2^2} + \frac{1}{R_3^2} \right),$$

womit das Theorem (8) bewiesen ist.

Die Invarianz der Form (22) gegenüber Drehungen des x_1, x_2, x_3-Systems um die x_3-Achse (Flächennormale) folgt aus $r^2 + t^2 + 2s^2 = (r + t)^2 - 2(rt - s^2)$, da bekanntlich die Ausdrücke $r + t$ und $rt - s^2$ diese Invarianzeigenschaft aufweisen.

Literatur

1) L. Hopf, Introduction to the Differential Equations of Physics. New York 1948, pag. 62.
2) F. Hopfner, Grundlagen der Höheren Geodäsie. Wien 1949, S. 169.
3) A. Prey, Anwendung der Methoden der Erdmessung auf geophysische Probleme (In: Prey, Mainka, Tams, Einf. in die Geophysik). Berlin 1922, S. 59.
4) G. Scheffers, Einführung in die Theorie der Flächen. 2. Aufl. Leipzig 1913, S. 115 ff.
5) O. Meisser, Praktische Geophysik. Dresden u. Leipzig 1943, S. 34.
6) E. Cesàro, Elementares Lehrbuch der Algebraischen Analysis und der Infinitesimalrechnung. Leipzig 1904, S. 663.

Bei Fragen zur Produktsicherheit wenden Sie sich bitte an:
If you have any questions regarding product safety,
please contact:

Walter de Gruyter GmbH
Genthiner Straße 13
10785 Berlin
productsafety@degruyterbrill.com